快乐做实验

百变的造型

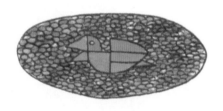

[英]加里·吉布森 著

余晶晶 译

科学普及出版社

·北京·

目　录

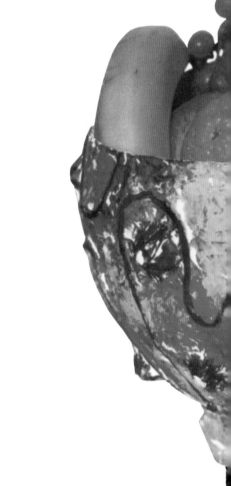

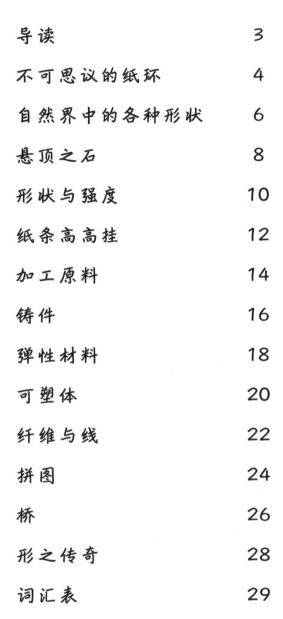

导　读

当你跨过一座大桥的时候，可能会想为什么这座桥没有被你或者桥上的自行车、汽车、大卡车压垮呢？我们周围的那些物体都按照它们的功用被制成各种形状和尺寸。为什么鸡蛋的形状可以让它更结实？钟乳石是怎样形成的？弹簧怎样保持自己的形状？可塑体又是怎样变形的呢？这本书里精选了一些有趣的小实验，可以帮助我们理解这些问题。

当你看到这个标志的时候，请一位大人来帮忙吧！

请一位大人来帮你

不可思议的纸环

在大自然中，我们可以观察到很多物体以及它们的形状。所有这些形状都是立体的，并且至少有两面。有没有什么东西只有一个面呢？这种东西又会有什么特别之处？

制作莫比乌斯环

1 取三张纸条，正反两面都涂上颜色。把其中一张纸条的两端粘在一起，做成一个纸环。

2 拿起第二张纸条，把它扭一下（旋转180°），然后将两端粘在一起。

为什么会这样呢？

第一个纸环剪开后会变成两个纸环，第二个纸环剪开后会变成一个更大的纸环，第三个纸环剪开后会变成两个扣在一起的纸环。这是一个数学谜题。第二个纸环由莫比乌斯发明，所以我们称它为莫比乌斯环。

更多创意

用 支铅笔沿着每个纸环纵行画一条线，你会发现，在第二个纸环上，铅笔连续不断地画过了纸环的正反"两面"！

3 把第三张纸条扭两下（旋转360°），然后再将两端粘在一起。

4 最后，把每个纸环都从中间纵向剪开。

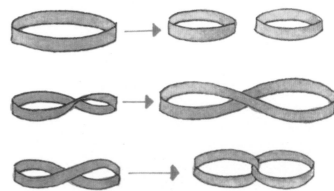

自然界中的各种形状

在你身边晶体随处可见。比如各种让人着迷的宝石，最最常见的是盐、糖、沙子，还有手表中的石英，电脑里的芯片成分硅等。

制作晶体

1 在干净的玻璃杯中倒入适量热水。向热水中加入一些明矾，边添加边搅拌。

2 继续向热水中不停地添加，直到明矾无法溶解为止。这时这杯溶液就饱和了。将溶液静置两天。

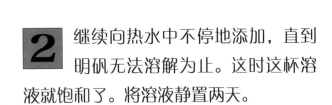

3 溶液中会有晶体析出。用滤网过滤饱和溶液。分开保存液体和晶体。

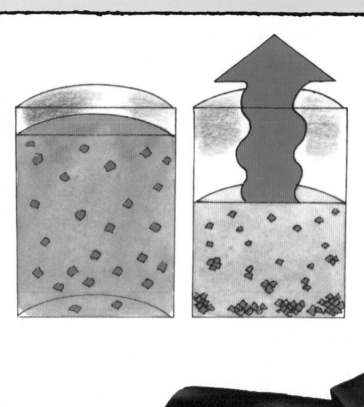

为什么会这样呢？

当明矾溶于水时，它的微粒散布在水里。在水分蒸发的过程中，能够溶解明矾的水逐渐减少。明矾微粒便重新析出，聚集在一起形成晶体。

4 用放大镜观察析出的晶体。这些晶体的大小并不相等。它们的形状一致吗？

更多创意

把剩余的饱和溶液倒入一个罐子里。将一块晶体用绳子系好挂在铅笔上，浸入溶液中。随着时间的推移，你会发现这块晶体慢慢变大了。

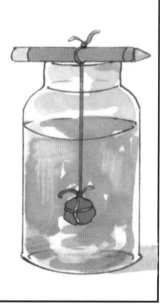

悬顶之石

有些坚硬的岩石可以被雨水溶解。这些雨水有时会渗入地下的山洞里，并在它流过的地方形成新的岩石。随着时间的推移，这些石块越长越大，变成一根根石柱悬挂在洞顶，我们称之为钟乳石。

制作钟乳石

1 用热水和泻盐做一罐饱和溶液。

2 把饱和溶液分别倒进两个杯子里。

3 将毛线两端拴上回形针，并分别浸入两个杯子中。

4 在毛线下方放一只盘子。将这些东西摆放在一个温暖的房间里，静置一周。

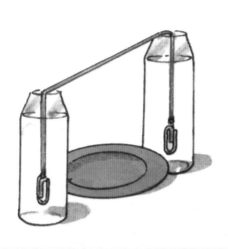

8

5 仅仅几天之后，你就可以看到从毛线上长出一棵钟乳石来。

为什么会这样呢？

饱和溶液可以被浸入其中的毛线吸收，使整根毛线变湿。有些溶液会从毛线上坠落，掉到盘子里。在这些溶液一滴一滴落下的过程中，溶液中的水分被蒸发，并在它滴落的地方形成一个盐柱。

更多创意

做一个你自己的晶体雕塑吧！找一根干净的管道清洁刷，将它拧成一个字母的形状。把管道清洁刷浸在一罐饱和溶液中，泡几分钟。然后取出来，等它蒸发、变干。

形状与强度

大家都知道磕破一个鸡蛋是多么容易，因为它的壳非常薄。但是，换个角度来说，鸡蛋其实很结实。至少当它被产下的时候，它必须要能承受落地那一刻大地对它的冲击力。鸡蛋之所以生成这个形状，就是为了让蛋既轻便又结实。

测一测蛋壳的强度

1 找一个大托盘。用橡皮泥将鸡蛋固定在托盘的一边。

2 在托盘的另一边放两摞硬币，硬币的高度要和鸡蛋一样高。鸡蛋和两摞硬币之间应形成一个三角形。

3 拿一些书，用塑料袋把它们裹起来，以防被鸡蛋弄脏。取其中一本，把它放在鸡蛋和硬币之上。

4 继续往上面放书。每加一本都要注意观察那枚鸡蛋。瞧一瞧一共多少本书才能把这枚鸡蛋压碎。

为什么会这样呢？

鸡蛋的形状使得它非常轻，而且里面还有一个空心气囊。蛋的两端都是拱形结构，这种结构使它可以承受很大的重量。它纵向抗压的强度非常好，因为长拱形可以更好地传递重力。但是从侧面压碎鸡蛋就容易多了，因为侧面的拱形强度较小。

更多创意

重复上面的实验。这次比较一下鸡蛋和各种形状的物体，比如立方体的空纸盒，看谁的强度更好。

纸条高高挂

强度是物质最重要的属性之一。如果一个东西轻轻一拉就断，那么它也没多大用处。大自然创造了很多强度极高的物质。比如，蜘蛛丝的强度比同直径的钢丝的强度还要高。

哪张纸条强度最高？

1 分别用纸、棉纸、塑料纸剪成3张等长、等宽的纸条。

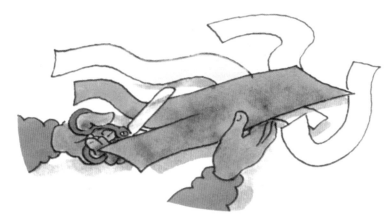

2 把纸条的两端用胶带固定在小市棍上。

3 找3个纸杯，请大人帮忙在纸杯上端的两侧各剪两个小洞，做成篮子的形状。

请一位大人来帮你

4 把篮子挂在纸条一端的小棍上。在另一端的小棍上绑上绳子。

5 把3张纸条都挂在墙上。一点一点地向篮子里添加重物，直到纸条断开为止。

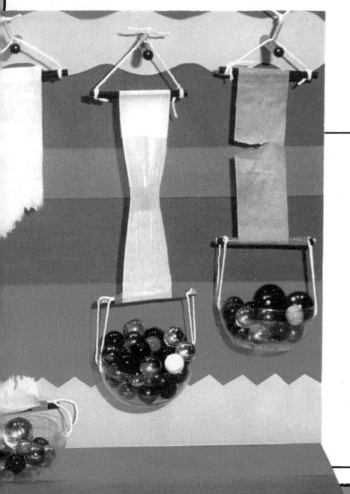

为什么会这样呢？

塑料纸的强度最高，因为组成塑料的分子之间是以一种非常强有力的方式结合在一起的。而纸是由大量纤维交错而成的，它可以被轻易撕开。棉纸的纤维不如纸的密集，因此它的强度最差。

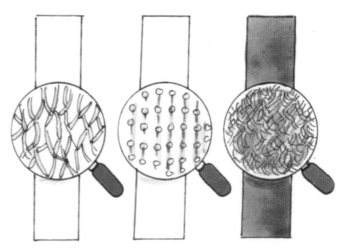

更多创意

用不同宽度的塑料条重复做这个实验。看看塑料纸的宽度是如何影响它的强度的。

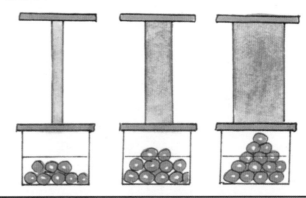

加工原料

从大自然直接获得的材料叫作原料。我们对这些原料进行加工来生产产品。玻璃是用沙子加工得到的，纸是用市头加工而来的。我们常常通过改变材料的性能来使它们更好地服务于我们的生活。

做纸碗

1 在一只大塑料碗中倒入面粉和水，搅拌均匀。面糊要做得稀一些。

2 把报纸撕成纸条，并将它们浸入面糊中。

3 找一个充好气的气球。从气球的中间开始，把面糊里的纸条一层一层地缠绕在气球上。

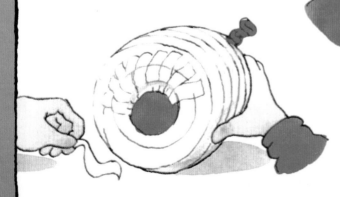

4 将一个塑料盖放在气球底部，做成碗底。在盖子外面多裹几层纸。

14

5 把缠好纸条的气球放置一夜，然后把气球中的气放掉并取出气球。在做好的碗外面画上美丽的图案。最后涂上保护性的清漆。

为什么会这样呢？

纸是由成千上万细小的纤维交织而成的。面糊可以将这些纤维之间的缝隙填满。当面糊变干变硬后，它可以使纸的强度更好、更具刚性，除非你把它再浸到水里，否则不会改变它的形状。

更多创意

你可以用一只真正的碗做模子。在缠纸条之前，先在碗外面包一层保鲜膜，这样，纸会比较容易从碗上脱下来。

铸 件

　　水泥、石膏还有灰泥都跟纸张一样，当它们和水混合又被晾干之后结构会发生改变。但跟纸张不同的是，这些东西晾干后再沾水是不会发生改变的，因此可以被倒入模具里，并以此来铸形，从小的塑像到大的建筑，莫不如此。

熟石膏

1 找一只干净的塑料手套，在里面涂上洗手液以使其润滑。

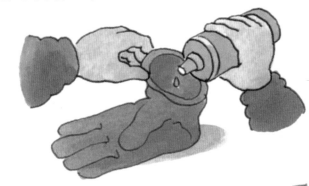

2 把手套晾起来，用两个夹子夹住手套口，让手套口保持张开的状态（如左图所示）。

3 把熟石膏和冷水倒在一个玻璃罐中，用市棍不停地搅拌，直到它们变得跟奶油一样为止。

4 把熟石膏和冷水的混合物倒入手套中，倒满。

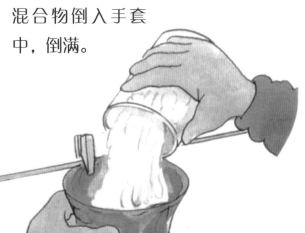

5 把手套放一晚上，等石膏变干。轻轻地把手套从石膏上脱下来。要小心！此时的石膏非常脆弱、容易损坏。

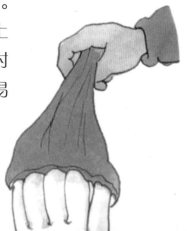

6 在石膏上涂上美丽的图案。用你做的这个手形塑像来挂首饰吧!

为什么会这样呢?

熟石膏是通过加热生石膏块制成的。生石膏的水分蒸发掉之后就得到了熟石膏粉。当你在石膏粉中加水之后,石膏和水会发生化学反应,重新变成生石膏。当里面过多的水被蒸发掉后,它就变硬了。

更多创意

用橡皮泥捏成一个中空的面孔形状的模具,向这个模具里倒上熟石膏。放置一夜,等它变干。一个石膏头像就做好了!

弹性材料

有些材料之所以非常有用，是因为它弹性好。弹性的意思是说当你把一个材料拉变形之后，它可以变回原来的形状。大多数材料多多少少都有些弹性，尤其是橡皮筋，它的弹性非常之好。玻璃则弹性不佳，容易碎裂。

制作玩偶匣

1 请大人帮忙，把一根坚硬的金属丝一圈圈缠绕在市棍上，做成一根弹簧。这个过程一定要小心，防止受伤。

2 找一个塑料瓶，把上半截剪掉。用胶带把做好的弹簧粘在塑料瓶内的底部。

3 把弹簧压进瓶子，并请大人帮忙用紧固件将瓶盖固定好。

请一位大人来帮你

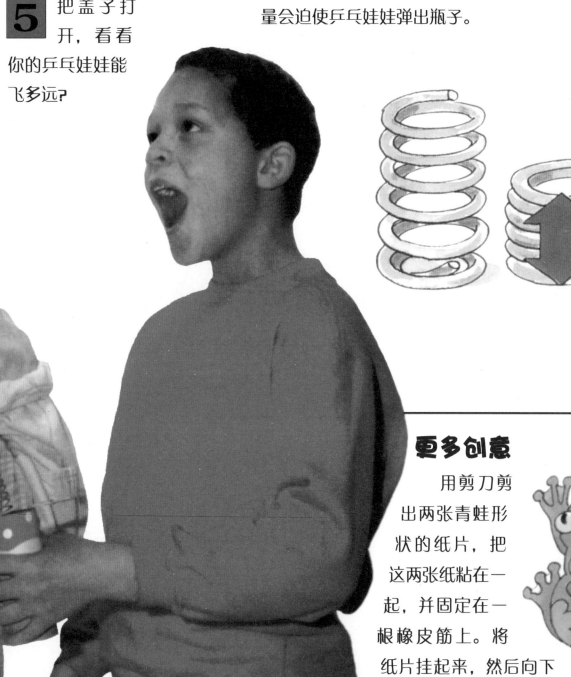

为什么会这样呢？

4 在一只乒乓球上画一张娃娃脸，把它放在瓶子里，盖上盖子。

5 把盖子打开，看看你的乒乓娃娃能飞多远？

大多数材料在受到牵拉之后都能变回原来的形态。金属尤其如此，特别是当它们被卷成一个弹簧之后。当你把一个弹簧压扁时，弹簧上每一处的金属都奋力想要变回原来的形状。这股力量会迫使乒乓娃娃弹出瓶子。

更多创意

用剪刀剪出两张青蛙形状的纸片，把这两张纸粘在一起，并固定在一根橡皮筋上。将纸片挂起来，然后向下拉青蛙，再松手，这时你就可以看到一只蹦蹦跳跳的小青蛙了。

可塑体

有些材料，当你把它弄成其他形状之后，它可以维持新的形状不变。而不是像橡皮圈那样又变回到原来的形状。我们给这种材料起名为"可塑体"。比如，湿黏土就属于可塑体，因为你把它捏成什么样子，它就是什么样子。

制作可塑牛奶

1 请大人帮忙煮一点牛奶。

2 当牛奶煮沸之后，一边搅拌一边往里面加一点醋。

请一位大人来帮你

3 不停地搅拌。很快，这锅牛奶就会变得跟橡胶一样。

4 用冷水冲洗，让这锅橡胶一样的牛奶冷却。检查一下你做好的可塑体。

为什么会这样呢？

醋属于酸性化学物质。当你把它加入热牛奶后，它可以与牛奶发生化学反应，使牛奶中的结构重新分布，凝结成块，无法再像以前那样自由流动，于是就变成了你做出来的那个可塑体。

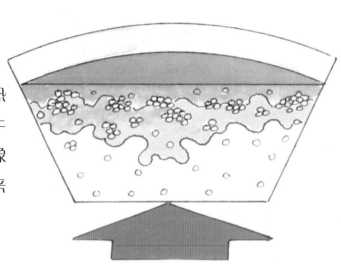

更多创意

请大人帮忙烧一壶开水。把一个塑料罐放进锅里。然后把开水倒入锅中，看一看塑料罐是如何变形的。

纤维与线

纤维是一种像线一样又长又细、柔韧易弯的条索状物质。你的每一根头发都是一根纤维。动物的皮毛、棉花还有羊毛也都属于纤维。纤维可以被拧成线，然后织成布做成衣服。

做一台织布机

1 找些硬纸板，在纸板的上下两端分别剪一些凹槽，凹槽的数目应为奇数（如右图所示）。

请一位大人来帮你

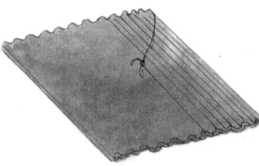

2 将一根细绳沿着凹槽缠绕在纸板上，并在它的背面打上结，这时卡片织布机就做好了。

3 找一些粗毛线，沿着"织布机"在细绳上下来回交织。如果想换其他颜色，你可以再拿一根毛线，系在前面那根毛线上，然后继续织。

4 等你把整片"织布机"织满以后，把最后一根毛线打好结，将织好的布从卡片上取下来。

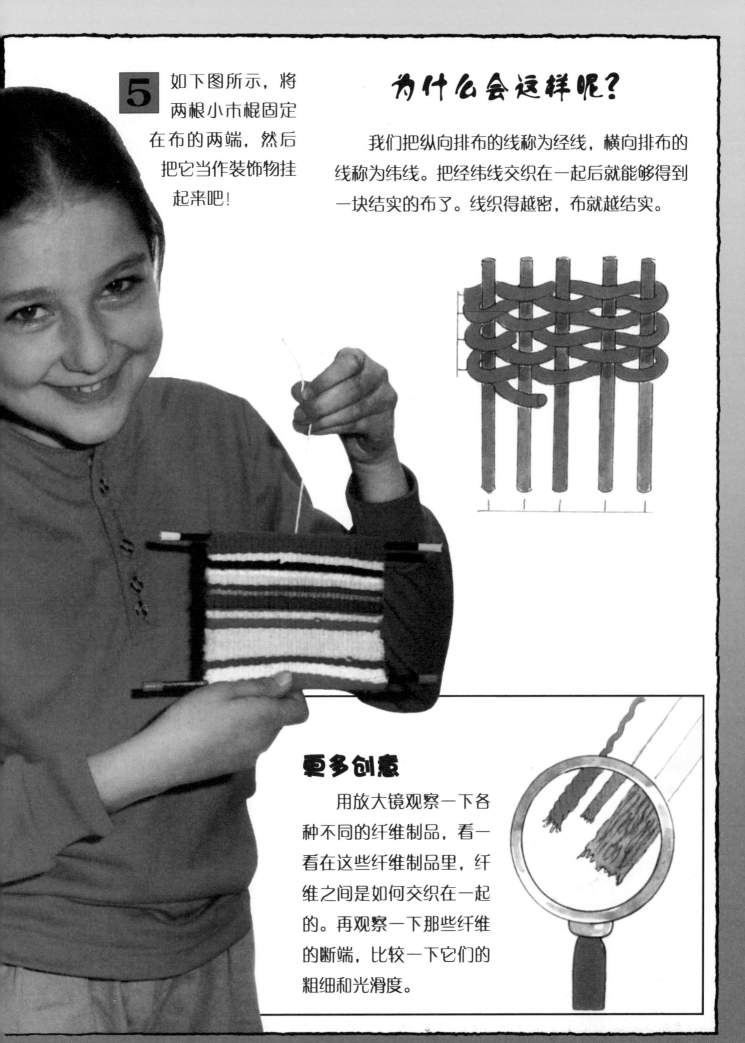

5 如下图所示，将两根小市棍固定在布的两端，然后把它当作装饰物挂起来吧！

为什么会这样呢？

我们把纵向排布的线称为经线，横向排布的线称为纬线。把经纬线交织在一起后就能够得到一块结实的布了。线织得越密，布就越结实。

更多创意

用放大镜观察一下各种不同的纤维制品，看一看在这些纤维制品里，纤维之间是如何交织在一起的。再观察一下那些纤维的断端，比较一下它们的粗细和光滑度。

拼 图

　　有一些图形可以巧妙地拼在一起，覆盖一块完整的区域，既不相互重叠，也不留下空隙。我们把这种图形称为棋盘形。墙上的砖、棋盘上的正方形都是很好的例子。在大自然中，蜂巢就是这样由六边形的巢室完美地拼合而成的。

制作三角拼图

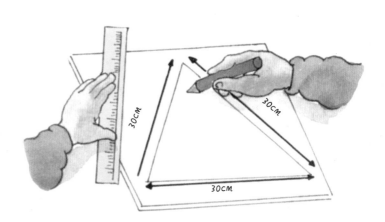

1 在一张大白纸上画一个边长为 30 厘米的等边三角形。

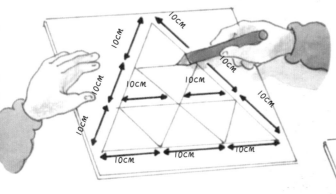

2 把这个大三角形分割成 9 个小三角形。每个三角形的边长都是 10 厘米。

3 如右图所示，在三角形的每一条边上分别画上三角形、正方形和圆形。

请一位大人来帮你

4 用剪刀小心地把这 9 个三角形剪下来。

为什么会这样呢？

像蜂巢那样的完全镶嵌结构，拼在一起后既不会出现空缺，也不会有所重叠。只有少数几种图形，比如三角形、六边形，才能这样完全嵌合在一起。如果要把圆形这种不能完全嵌合的形状拼凑在一起，你要么得重合部分图形，要么就会留下空缺。

5 请朋友用你做的三角拼图来挑战一下他们的拼图能力。他们必须把这9个小三角形拼成原来那个大三角形才可以哦！

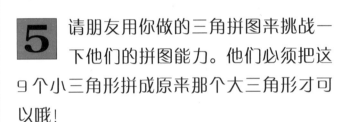

更多创意

马赛克和棋盘形很像，但它是由不同形状的图案拼凑而成的。把一张明信片剪碎，在另一张卡片上画一个图形，将碎纸片粘在图形的轮廓里，纸片间的缝隙要尽可能小。

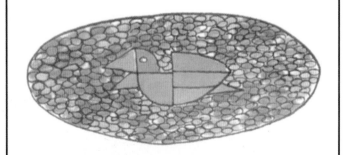

桥

从很久以前起人们就已经开始通过修建桥梁来渡河或者跨越其他障碍物了。最早的桥很可能就是一根横在小溪上的树干。后来人们学会了修建拱桥以承受更大的负荷。现代的桥梁要么是钢梁结构，要么就是通过吊索来承重。

修建现代桥梁

1 找6个市块，并用它们搭成3座桥。用胶带在每个市块的边角处固定两支铅笔。

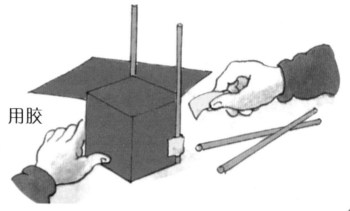

2 找一位大人来帮我们剪几张厚纸片，纸片的宽度要和市块一样。

请一位大人来帮你

3 把其中一张纸片放在两个市块之间，做成第一座桥（如上图所示）。做第二座桥的时候，在纸片下放置一个拱形物来做支撑（如下图所示）。

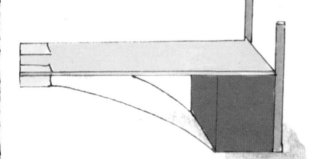

4 做第三座桥的时候，在铅笔上绑上绳子，并将绳子粘在纸片上，做成吊桥的样子（如上图所示）。

5 在一张大纸上画一条河，并把这张纸放在你做好的桥的下面。

为什么会这样呢？

第一座桥的承重力是最差的，因为重量无法在桥上传递。而吊桥上的线可以承担一部分重量。拱桥的承重力最好，因为重量可以沿着拱形物传递。

6 在三座桥梁的中央各放一个重物，看一看哪座桥最牢固。

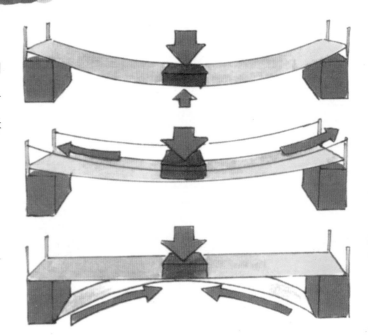

更多创意

试试用塑料吸管做一个桥梁的框架。将塑料吸管首尾相连插在一起。

形之传奇

世界上最长的钟乳石有59米长，位于西班牙的内尔哈溶洞。世界上最高的石笋高160余米，位于中国浙江，名叫鼎湖峰。

钻石是世界上极为昂贵的物品。其中最大的一颗是1905年在南非被发现的。这颗叫库利南的钻石随后被切割成了9颗大钻石和96颗小钻石。

世界上最大的鸟是鸵鸟，它产下的蛋也是世界上最大的蛋。鸵鸟蛋一般有20厘米长，上面可以承受一个成年人的重量。与之形成鲜明对比的是蜂鸟的蛋，只有1厘米长，重量还不到0.5克。

世界上最长的悬索桥位于英国亨伯河的河口。它有1410米长，矗立在桥两头的柱子高达162米。这座桥实在是太高了，以至于建筑师在修建它的时候还要考虑地球的曲度。

大家都以为地球是个正球形，其实不然，地球有点像一个被压扁了的球。它的赤道直径要比两极直径长一些。这种形状的专业名字叫作扁球体。

数百万年前，鱼类和其他的水生生物就已经进化出了一种特殊的体型，使它们在水中能够轻松遨游。这种体型可以减少水的阻力，而阻力会减慢它们的游动速度。人类从中受到启发，进而发明了流线型的船和潜艇。

飞机之所以会飞，是因为它双翼的特殊造型。这种造型可以使机翼上方空气比机翼下方的空气流速快。于是导致飞机被大气推向空中。鸟、蝙蝠还有一些昆虫也是利用这种原理飞行的。

词汇表

拱形

是指一种近似于半圆形的形状。这种形状的物体承重能力很强。

晶体

是一种特殊的固体，其原子以一种固定的结构排列。

橡皮筋

一种有弹性的物质，受到牵拉后还会恢复原有的形状。

莫比乌斯环

找一张纸条，将纸条扭转180°，再首尾相接，你就可以得到一个莫比乌斯环了。

可塑体

如果某种物质可以被塑造成另一种形状，那么它就被称为可塑体。这种物质的结构使它可以被塑造成其他形状并保持不变。

刚性

如果某个物品非常坚硬，不可弯曲，我们就称它具有刚性。这种物品的结构使它不能弯曲，也不能变成其他形状。

饱和

是指溶液中某种物质的溶解量达到最大限度。

流线型

是一种特殊的形状，它可以使物体在空气或水中运动时耗费极小的动力。因为物体运动时受到的阻力会减慢它运动的速度，而流线型则可以使物体运动时产生的阻力达到最小。

结构

是指组成整体的各部分之间的搭配和排列。

棋盘形

是指某种形状，具有能整齐地拼凑在一起，既不重叠也不出现空隙就能完整覆盖整个空间的能力。

编织

是指将纤维相互交织，制成编织物。我们可以将纬线在经线中穿过，制成一块完整的布料。

图书在版编目（CIP）数据

百变的造型 /（英）吉布森著；余晶晶译 . — 北京：
科学普及出版社，2015
（快乐做实验）
ISBN 978-7-110-09151-7

Ⅰ . ①百… Ⅱ . ①吉… ②余… Ⅲ . ①材料科学—青
少年读物 Ⅳ . ① TB3-49

中国版本图书馆 CIP 数据核字 (2015)
第 144142 号

书名原文：Science for Fun：Making Shapes
Copyright © Aladdin Books 2009
An Aladdin Book
Designed and directed by Aladdin Books Ltd
PO Box 53987 London SW15 2SF England
著作权合同登记号：01-2012-0654

策划编辑　肖　叶
责任编辑　梁军霞
封面设计　朱　颖
图书装帧　锦创佳业
责任校对　王勤杰
责任印制　马宇晨
法律顾问　宋润君

科学普及出版社出版
http://www.cspbooks.com.cn
北京市海淀区中关村南大街 16 号
邮政编码：100081
电话：010-62103130　传真：010-62179148
科学普及出版社发行部发行
鸿博昊天科技有限公司印刷
开本：635 毫米 ×965 毫米 1/8　印张：4　字数：30 千字
2015 年 7 月第 1 版　2015 年 7 月第 1 次印刷
ISBN 978-7-110-09151-7/TB・25
印数：1-10000 册　定价：12.00 元